Afshana Morshed
Farzad Hossain
Rifat Sultana Setu

Sistema de estacionamento rotativo automatizado

Afshana Morshed
Farzad Hossain
Rifat Sultana Setu

Sistema de estacionamento rotativo automatizado

ScienciaScripts

Imprint

Any brand names and product names mentioned in this book are subject to trademark, brand or patent protection and are trademarks or registered trademarks of their respective holders. The use of brand names, product names, common names, trade names, product descriptions etc. even without a particular marking in this work is in no way to be construed to mean that such names may be regarded as unrestricted in respect of trademark and brand protection legislation and could thus be used by anyone.

Cover image: www.ingimage.com

This book is a translation from the original published under ISBN 978-620-2-31483-1.

Publisher:
Sciencia Scripts
is a trademark of
Dodo Books Indian Ocean Ltd. and OmniScriptum S.R.L publishing group

120 High Road, East Finchley, London, N2 9ED, United Kingdom
Str. Armeneasca 28/1, office 1, Chisinau MD-2012, Republic of Moldova, Europe
Printed at: see last page
ISBN: 978-620-8-05479-3

Copyright © Afshana Morshed, Farzad Hossain, Rifat Sultana Setu
Copyright © 2024 Dodo Books Indian Ocean Ltd. and OmniScriptum S.R.L publishing group

Resumo

O Bangladesh é a cidade mais densamente povoada do mundo, o que é particularmente evidente na capital, Daca. As pessoas estão a sofrer e perde-se tempo precioso com este problema crónico. A falta de planeamento urbano, os veículos que circulam a velocidades diferentes na mesma estrada, a sobrelotação, o espaço rodoviário inadequado, as paragens ou estacionamentos não planeados, etc., são responsáveis pelo congestionamento do tráfego na cidade de Daca. Um sistema de estacionamento inadequado ou não planeado é uma das principais razões para o congestionamento do tráfego. O sistema de estacionamento rotativo automático é o melhor e mais adequado, uma vez que ocupa menos espaço em comparação com outros sistemas. É um sistema de estacionamento amigo do ambiente, uma vez que não utiliza mecanismos geradores de ruído e poluição. O objetivo desta tese é desenvolver um sistema de estacionamento automático com um custo mínimo para reduzir o congestionamento do tráfego na cidade de Dhaka.

CAPÍTULO 1 INTRODUÇÃO
1.1 Introdução:

Um dos maiores desafios e dificuldades na gestão da cidade de Dhaka nesta década é o problema do tráfego. Como não existe um parque de estacionamento planeado na cidade de Daca, os operadores de veículos param os seus veículos em qualquer lugar sempre que precisam. Os condutores também estacionam os seus veículos indiscriminadamente, bloqueando o fluxo normal do tráfego. Esta situação provoca o congestionamento do tráfego. Além disso, a maioria das casas em Dhaka tem um rácio de estacionamento de 1:1, o que conduz a um grande problema [1]. A situação é semelhante nos escritórios, fábricas e várias organizações da cidade. Se o número de lugares de estacionamento puder ser aumentado de modo a que oito carros possam ser estacionados numa única garagem, o congestionamento do tráfego será minimizado. Neste caso, o sistema de estacionamento rotativo é o melhor de todos os métodos, uma vez que requer menos espaço. É capaz de acomodar oito carros no espaço de duas garagens de uma forma muito económica. Oferece as vantagens de um funcionamento flexível sem a necessidade de um supervisor, de uma segurança integrada e de um baixo risco de danos no transporte [1]. Com isto em mente, este artigo tem como objetivo apresentar um sistema de estacionamento automático amigo do ambiente para aliviar o congestionamento do tráfego na cidade de Dhaka.

CAPÍTULO 2 REVISÃO DA LITERATURA

2.1 Revisão da literatura:

O primeiro parque de estacionamento de vários andares foi construído em 1918 para o Hotel La Salle em Chicago [2]. O projeto é da autoria de Holabird e Roche [2]. Embora o hotel tenha sido destruído em 1976, o parque de estacionamento de vários andares não desapareceu [2]. No entanto, é muito lamentável que a estrutura de vários andares tenha desaparecido definitivamente em 2005 porque não foi classificada pela cidade de Chicago. Alguns destes primeiros sistemas eram módulos de elevadores verticais com uma capacidade de 100 a 600 lugares que colocavam os automóveis nos níveis superiores de uma estrutura para serem deslocados por um assistente, bem como mecanismos mecânicos que podiam deslocar os veículos em "ranhuras" numa estrutura construída em torno de um corredor central [2]. Alguns investigadores conceberam um sistema que permitia acomodar vários carros num espaço horizontal de dois e seis carros nesse espaço [1]. Utilizaram um microcontrolador 89S51, 6 sensores IR e um teclado. O microcontrolador foi alimentado por RFID e relés. Alguns outros investigadores utilizaram redes de sensores sem fios para o estacionamento automático de automóveis. Capturaram imagens com um microcontrolador AVR, os dados processados foram transmitidos através de um módulo Zigbee sem fios e verificaram que era possível poupar muito tempo quando havia um lugar de estacionamento livre [3]. Outros utilizaram a tecnologia GSM. Colocaram um modem GSM no parque de estacionamento que podia enviar informações ao utilizador sobre se um espaço estava livre ou não [4]. Se um espaço estiver livre, o utilizador pode enviar uma mensagem sobre a hora e a duração exactas em que pretende estacionar o seu carro [4]. Noutro artigo, foi discutido um sistema em que a tecnologia robótica foi utilizada em conjunto com uma chave digital. Neste caso, a utilização da chave correta pode proporcionar uma opção para recuperar ou estacionar um carro. Além disso, o sistema utilizou um elevador robótico com motores para recuperar o carro e colocá-lo na posição desejada [5]. Segue-se uma panorâmica dos diferentes tipos de sistemas de estacionamento que já foram construídos em diferentes partes do mundo:

2.1.1 Sistema de estacionamento Skyline:

Nos dias 23 e 28 de novembro, a empresa Skyline Parking de Winterthur convidou visitantes e investidores de perto e de longe para o pavilhão de testes em Arbon, no cantão de Thurgau [6]. A funcionalidade do sistema de transporte da nossa primeira "torre de carros", um parque de estacionamento de vários andares totalmente automatizado, foi aí demonstrada [6]. Os elementos da coluna de elevação de seis metros de altura com o carril de doze metros de comprimento, o carrinho e a plataforma giratória constituíram um espetáculo impressionante [6]. Após a fase de testes, todo o sistema de transporte deverá ser instalado na torre de 25 metros de altura [6]. O sistema de estacionamento Skyline também se destaca em termos de flexibilidade [6]. A sua conceção modular permite-lhe adaptar-se a qualquer ambiente, seja ele à superfície, subterrâneo ou combinado [6]. Em função da capacidade total, são instalados vários sistemas de tapetes rolantes e várias caixas de entrada e saída para que não haja atrasos mesmo nas horas de ponta [6].

2.1.2 Sistema de estacionamento com circuito horizontal:

Este sistema funciona com base no princípio de uma correia transportadora e é utilizado para estacionar automóveis em dois a quatro níveis em caves estreitas sem vias de acesso [7]. O sistema de estacionamento horizontal pode ser operado com uma corrente motorizada e o espaço de estacionamento necessário por carro é um terço do espaço de estacionamento necessário [7]. Os carros são conduzidos para dentro ou para fora de plataformas de aço numa entrada ao nível do rés do chão, e os carros estacionados circulam na cave em vários tamanhos [7].

2.1.3 Sistema de estacionamento de carros puzzle:

No sistema de estacionamento puzzle, os carros podem mover-se vertical e horizontalmente como um puzzle até que o carro desejado atinja o calibre inferior, onde é expulso [7]. O sistema pode ser facilmente instalado em caves, telhados, sob fendas, em áreas abertas, em terraços, em entradas de garagem, etc. É construído sob a forma de uma matriz de linhas e colunas, tais como 2 x 2 ou 2 x 3, etc., com um certo número de espaços mantidos livres do número total de espaços disponíveis para permitir o movimento horizontal e vertical dos restantes espaços [7]. O sistema está disponível em dois a seis níveis, todas as cabinas são independentes umas das outras e o sistema pode ser instalado por fases [7].

2.1.4 Sistema de estacionamento em torre:

Este sistema totalmente automatizado inclui um sistema de armazenamento automático e um elevador de automóveis que se desloca verticalmente para cima e para baixo com os automóveis, bem como um dispositivo de transferência para o movimento horizontal [7]. A TAL Manufacturing Solutions Ltd. introduziu um sistema de estacionamento em torre do tipo garfo de última geração - a torre TAL Vertipark com um tempo médio de recuperação de 1 minuto para 20 carros e 90 segundos para 40 carros [7].

2.1.5 Sistema de estacionamento tipo carrinho:

Este sistema totalmente automatizado, disponível no PARI, em Chennai, na Índia, tem várias entradas e saídas e possui um mecanismo incorporado denominado "carrinho" que move cada nível de estacionamento [7]. Pode ser concebido com ou sem paletes e para 50 a 100 carros ou mesmo mais [7].

2.1.6 Sistema de parqueamento elevatório de fosso:

O sistema de estacionamento elevatório de fosso consiste em três baías de estacionamento - superior, intermédia e inferior - que estão ligadas entre si e são elevadas em conjunto [7]. Os lugares de estacionamento intermédios e inferiores estão localizados no subsolo do fosso, enquanto o nível superior está alinhado com o parque de estacionamento do rés do chão [7]. Este sistema tem muitas vantagens, tais como economia de espaço, baixa poluição sonora, fácil manutenção e proteção dos níveis médio e inferior contra poeira, chuva e roubo [7]. Este sistema de estacionamento está disponível na RR Parkon, Ram Ratna Infrastructure pvt. Ltd. em Mumbai, Índia [7].

2.1.7 Sistema de estacionamento do tipo empilhador:

O sistema de estacionamento por empilhador é um sistema totalmente automático caracterizado por um sistema de armazenamento típico e um mecanismo único chamado empilhador [7]. Desloca-se no centro e tem lugares de estacionamento em ambos os lados [7]. Tem um mecanismo robótico incorporado que puxa e empurra o automóvel para o espaço de elevação/estacionamento [7]. É utilizado preferencialmente em parques de estacionamento longitudinais e pode ser concebido para 100 a 300 carros ou mesmo mais [7]. Este sistema de estacionamento está disponível na PARI, Chennai, Índia [7].

CAPÍTULO 3 CONFIGURAÇÃO EXPERIMENTAL

3.1 Equipamento utilizado:

3.1.1 Equipamento elétrico:

- Controlador de motor L298N
- Arduino MEGA
- Motor redutor de corrente contínua
- Direção
- Teclado de matriz 3x4
- Carregador de bateria
- Fio do interrutor

3.1.2 Equipamento mecânico:

- Corredor superior
- Corredor inferior
- Rolamento superior
- Rolamento inferior
- Cinto
- Estrutura da peça principal
- Eixo
- Placa de chapa metálica

3.2 Descrição dos dispositivos eléctricos utilizados:

3.2.1 Esquema do circuito elétrico:

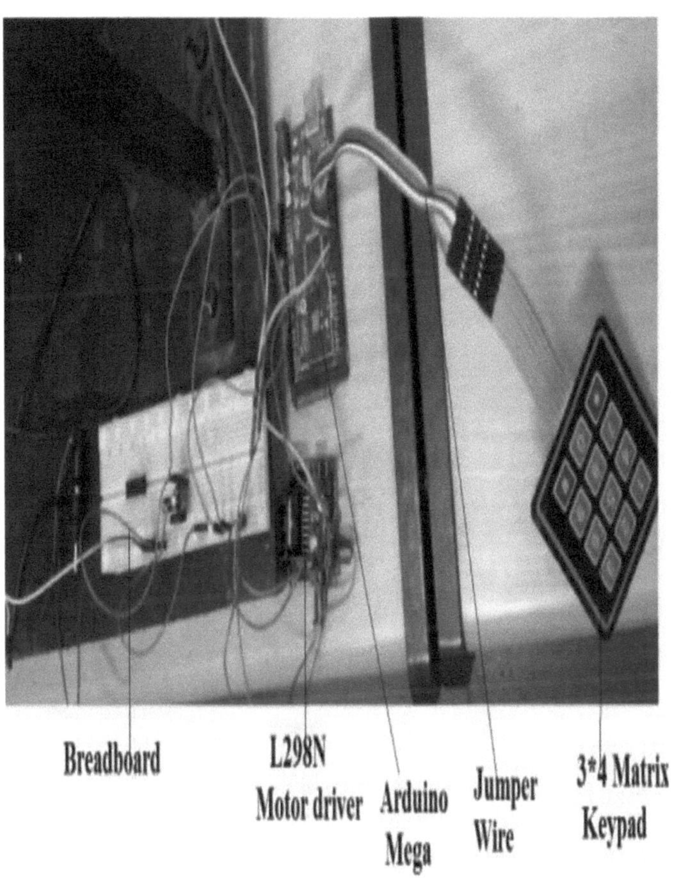

Figura 3.1: Esquema do circuito elétrico

3.2.2 Controlador de motor L298N:

Figura 3.2: Controlador de motor L298N

O L298N é um driver de ponte completa dupla de alta corrente e alta tensão [8].
O objetivo do L298N é processar níveis lógicos TTL padrão e acionar cargas
indutivas, como motores DC e de passo, relés, solenóides, etc. [8]. [8]. Neste
projeto, utilizámos o controlador de motor L298N para acionar o motor de 12V
DC (Figura 3.2).

3.2.3 Arduino MEGA:

Figura 3.3: Arduino MEGA

O Arduino Mega é um tipo de placa de microcontrolador. Baseia-se no ATmega1280, que possui 16 entradas analógicas, 54 pinos de entrada/saída digitais, uma porta USB, 4 portas de hardware de série, uma tomada de alimentação e um botão de reinicialização. Pode ser facilmente ligado a um computador através de um cabo USB ou alimentado por um adaptador AC/DC ou por uma bateria para realizar o trabalho. [9]. O código de programação necessário é carregado no dispositivo para que este funcione corretamente (Figura 3.3).

3.2.4 Motor de engrenagem DC:

Figura 3.4: Motor redutor de corrente contínua

O motor redutor de corrente contínua é a versão alargada do motor de corrente contínua ao qual pode ser acoplada uma caixa de velocidades. O conjunto da caixa de velocidades ajuda a aumentar o binário e a minimizar a velocidade. Um pinhão é fixado na parte superior do motor de corrente contínua e uma engrenagem é ligada ao pinhão, um veio é ligado à engrenagem inferior da caixa de velocidades. Assim, quando o motor de corrente contínua roda, todo o mecanismo funciona em simultâneo (Figura 3.4).

3.2.5 Conselho de Administração:

Fig. 3.5: Placa de circuito impresso

As placas de circuito impresso são geralmente utilizadas para testar circuitos. Para completar o circuito, é necessário inserir corretamente os componentes e os fios nos orifícios. O nosso circuito é implementado na placa de ensaio utilizando fios de ligação macho e fêmea. (Figura 3.5).

3.2.6 Teclado de matriz (3x4):

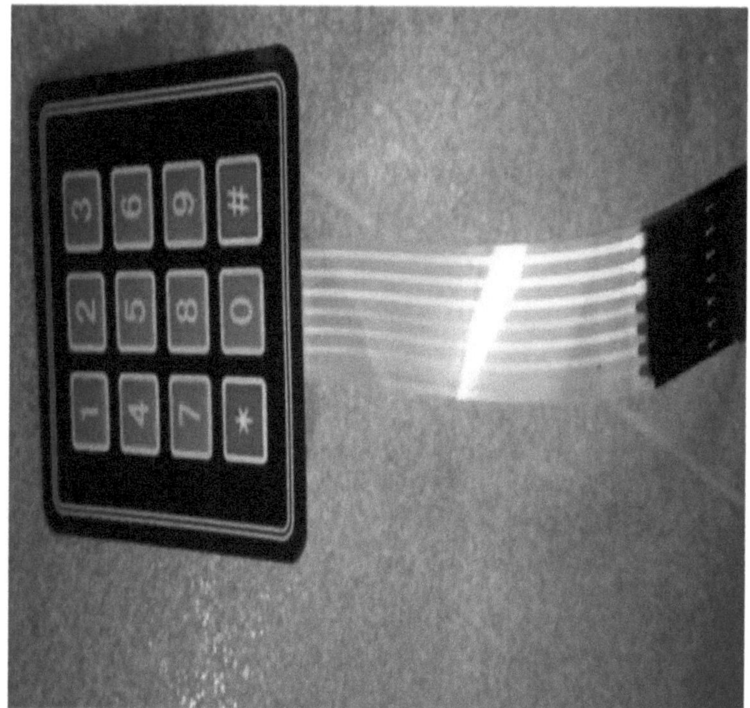

Figura 3.6: Teclado de matriz (3x4)

Este teclado tem 12 teclas, que estão normalmente dispostas numa grelha de 3x4 linhas telefónicas. É geralmente feito de uma membrana fina e flexível, coberta com um adesivo, de modo a poder ser fixado em quase tudo [10]. Com a ajuda deste teclado, podemos determinar o número da placa em que se encontra o carro pretendido e, quando premimos o número pretendido no teclado, a placa desce automaticamente. Com este sistema, também se pode utilizar um sistema de palavra-passe com a ajuda do teclado (Figura 3.6).

3.2.7   Carregador de bateria:

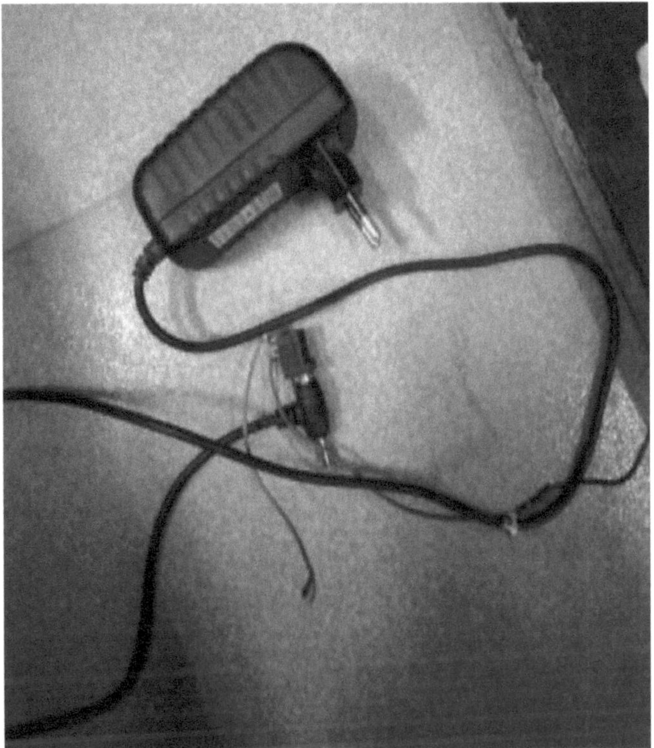

Figura 3.7: Carregador de baterias

Um carregador de bateria é um dispositivo utilizado para alimentar uma bateria recarregável ou uma célula secundária, fazendo simplesmente passar uma corrente eléctrica através dela. O carregador de bateria é utilizado para alimentar motores DC e controladores de motor que podem fazer o sistema funcionar quando a corrente eléctrica flui (Figura 3.7).

3.2.8 Fio de ligação direta:

Figura 3.8: Fio de ligação direta de ficha a ficha

Figura 3.9: Fio de ligação direta da ficha à tomada

Um fio de comutação é um tipo de fio elétrico ou um grupo de fios num cabo com um conetor ou pino em cada extremidade [11]. É utilizado para ligar componentes de placas de ensaio, circuitos de teste ou outros protótipos internamente ou a outros componentes ou dispositivos sem soldar [11]. Os fios de ligação em ponte individuais são ligados através da simples inserção dos seus conectores nas ranhuras [11]. Podem ser ligados a uma placa de ensaio, ao conetor de pinos de um dispositivo de teste ou a uma placa de circuito impresso [11].

3.3 Descrição dos equipamentos mecânicos utilizados:

3.3.1 Esquema mecânico:

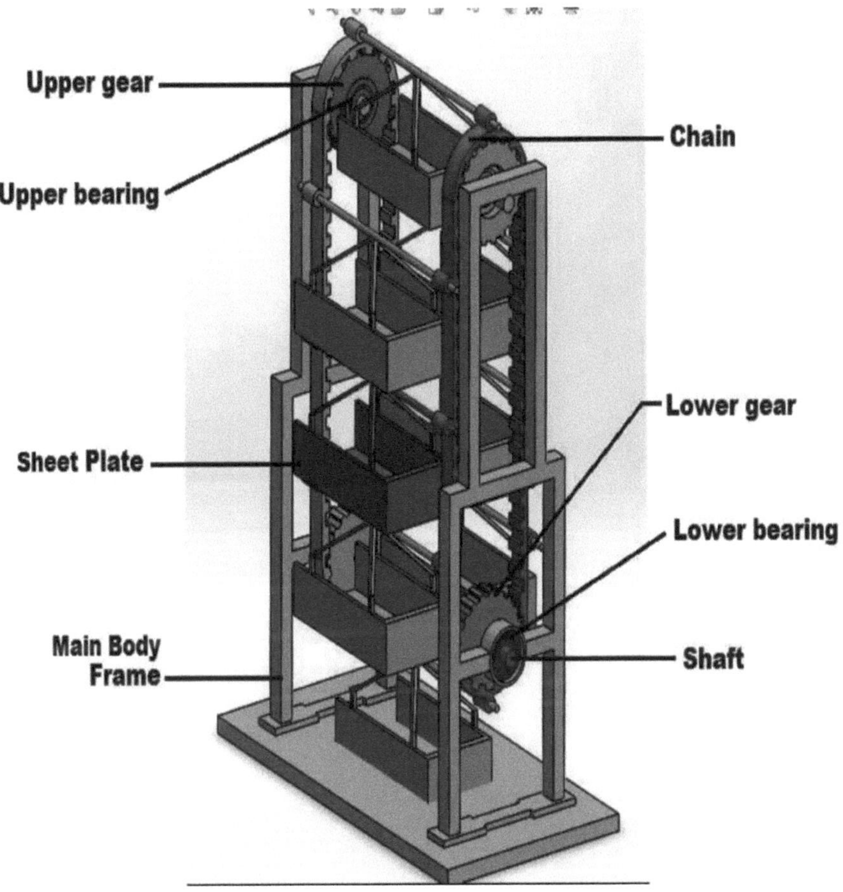

Figura 3.10: Esquema mecânico

3.3.2 Corredor superior:

Figura 3.11: Caixa de velocidades superior

Uma engrenagem é uma peça de máquina rotativa com dentes rectificados que engatam noutra peça dentada para transmitir binário [12]. Os dentes da engrenagem engrenam com os dentes interiores da correia. A engrenagem superior tem um orifício de maior diâmetro para acomodar o rolamento de esferas, o que confere à engrenagem um movimento de rotação flexível.

3.3.3 Engrenagem inferior:

Figura 3.12: Corredor inferior

As rodas dentadas inferiores também estão engrenadas com os dentes interiores da correia. No entanto, o orifício interior da roda dentada inferior tem um diâmetro mais pequeno, uma vez que o veio está ligado a ela de ambos os lados para transmitir a rotação.

3.3.4 Rolamento superior e inferior:

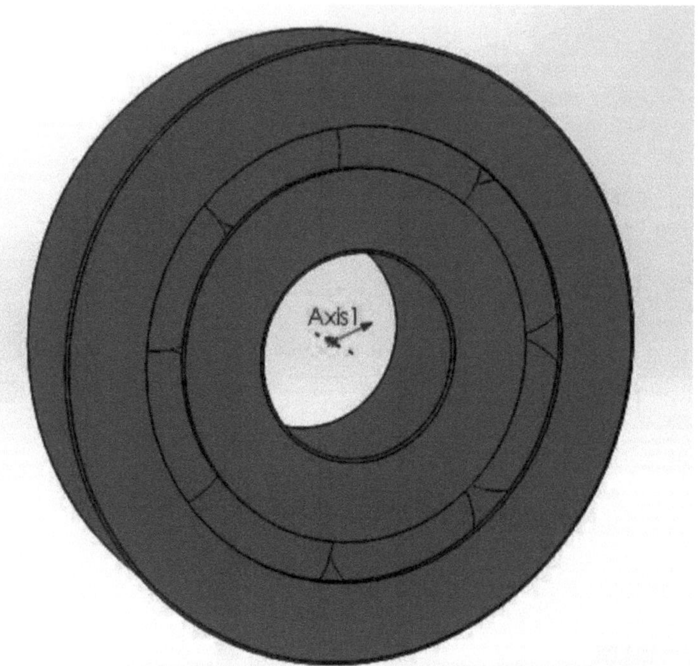

Figura 3.13: Rolamento superior e inferior

Um rolamento é um tipo de elemento de máquina que pode limitar o movimento relativo ao movimento desejado [13]. Também pode reduzir o atrito entre as peças móveis [13]. A chumaceira superior é fixada à roda dentada superior para proporcionar movimento de rotação à roda dentada juntamente com a correia. A chumaceira inferior está ligada ao eixo para transmitir o movimento de rotação ao eixo, que é transmitido à engrenagem juntamente com a correia.

3.3.5 Cinto:

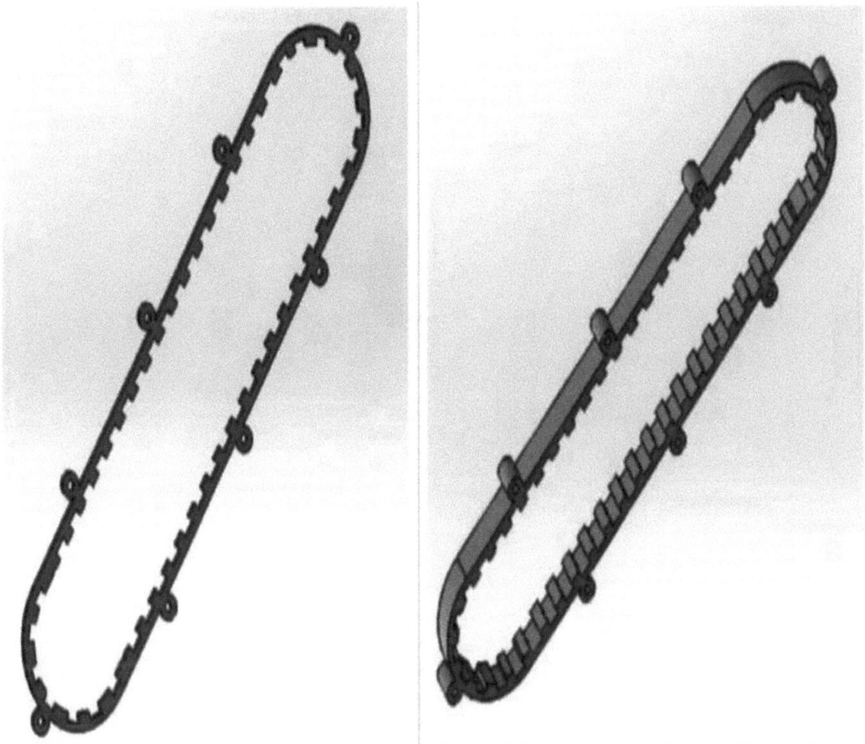

Figura 3.14: Cinto

A correia liga a roda dentada superior e inferior, de modo que, quando a roda dentada inferior gira, a roda dentada superior também gira. As placas de metal também estão livremente ligadas à corrente através dos fechos efectuados na correia. Assim, quando a correia gira, as placas podem ser deslocadas para a posição desejada. A parte interior da correia contém dentes que encaixam na roda dentada.

3.3.6 Quadro principal da carroçaria:

Figura 3.15: Estrutura principal da carroçaria

Esta estrutura é constituída por barras de aço numa placa de base, soldámos as peças entre si e, depois de a estrutura estar feita, todo o sistema é construído sobre esta estrutura.

3.3.7 Onda:

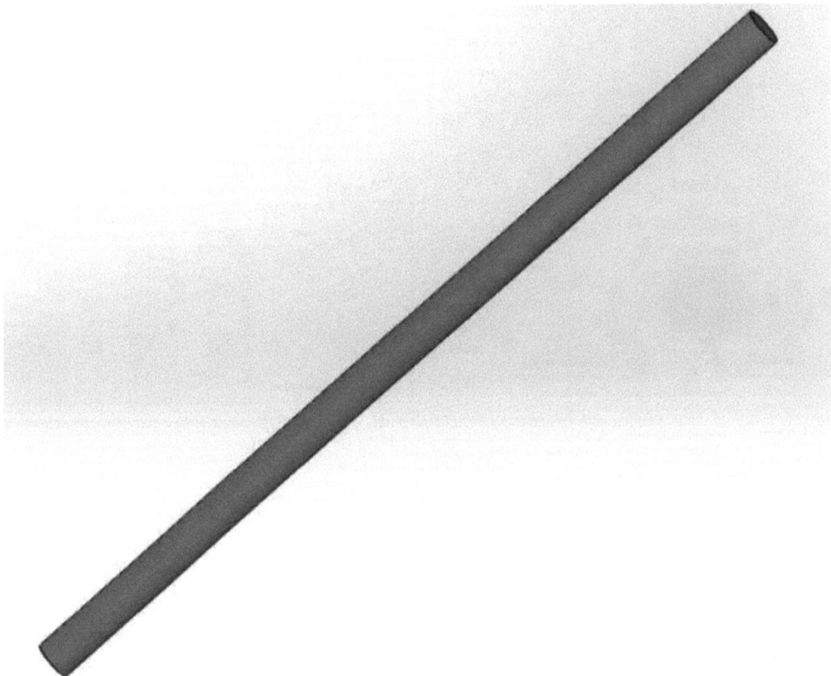

Figura 3.16: Eixo

O eixo é utilizado para transmitir o movimento de rotação entre as engrenagens com a ajuda de rolamentos de esferas. A rotação é transmitida a todo o sistema. Este veio é guiado ao longo das rodas dentadas inferiores de ambos os lados, de modo a que a rotação seja transmitida a ambas as correntes.

3.3.8 Chapas metálicas:

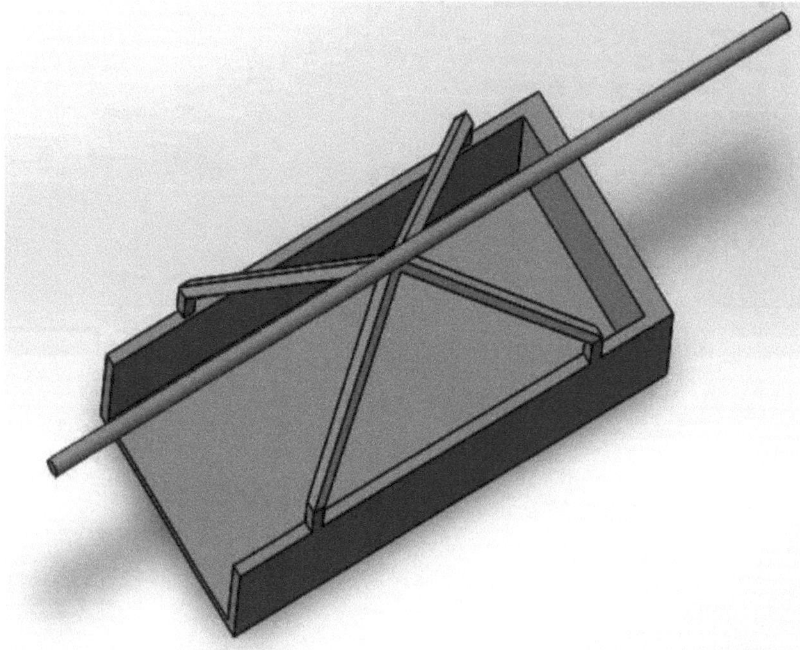

Figura 3.17: Placa de chapa metálica

A placa de metal é utilizada para posicionar os veículos. A haste segura a placa de metal. As duas extremidades da haste são guiadas através do mecanismo de bloqueio da correia. Desta forma, a correia roda juntamente com as placas de metal e as placas de metal podem ser colocadas na posição desejada com o veículo em cima. Um dos lados da placa é mantido aberto para que o veículo possa entrar na placa.

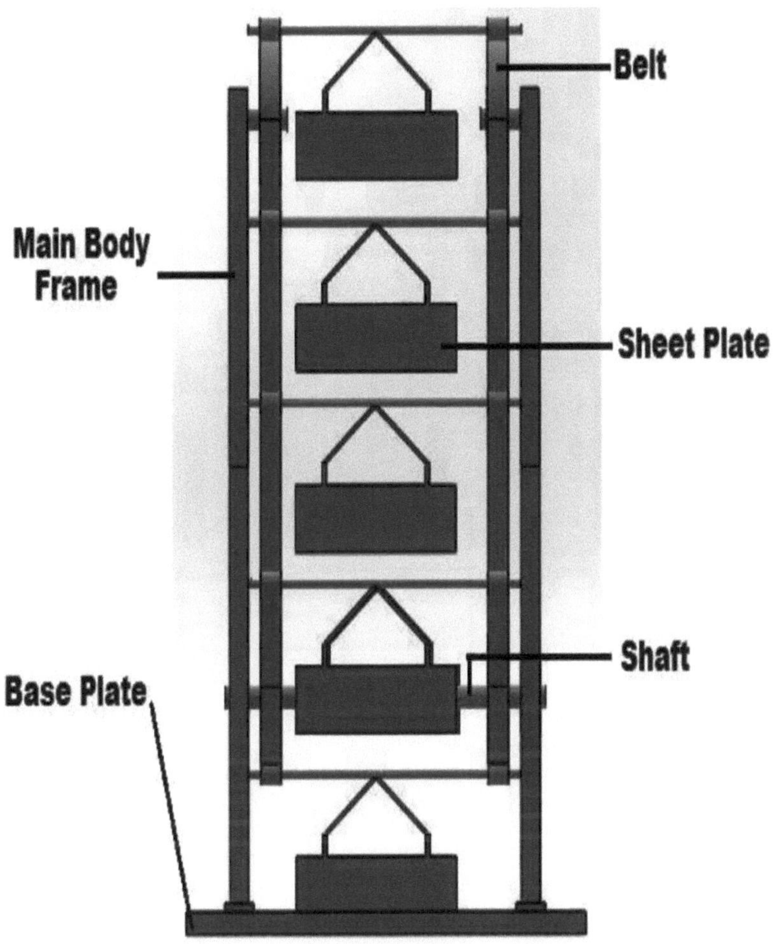

Figura 3.18: Estrutura mecânica (vista frontal)

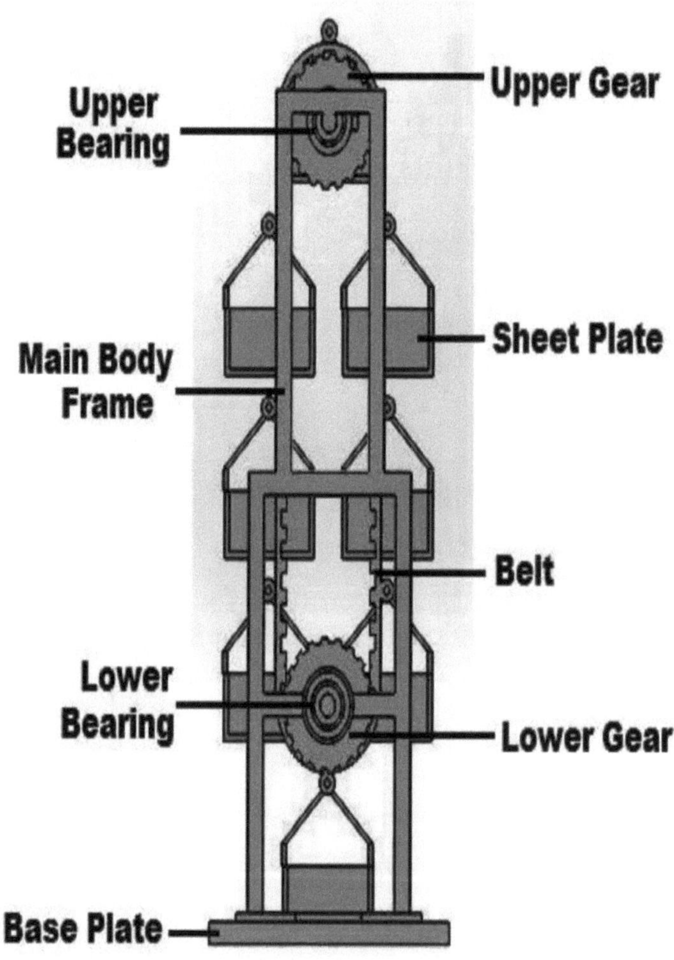

Figura 3.19: Estrutura mecânica (vista lateral)

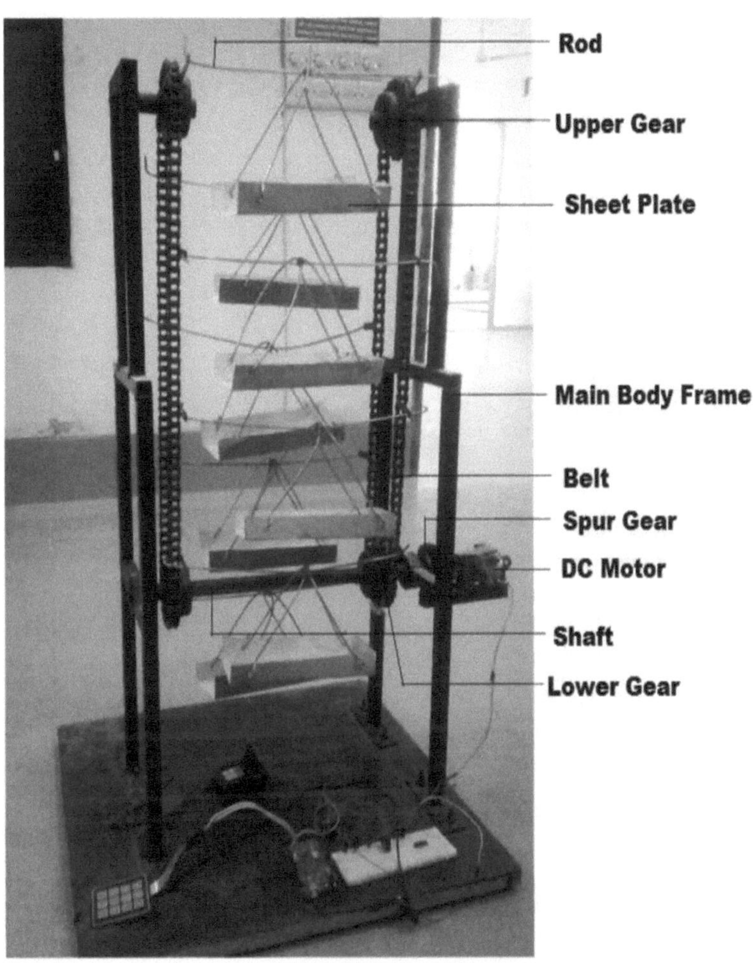

Figura 3.20: Estrutura geral (protótipo)

3.4 Descrição da instalação

Esta experiência é um protótipo. Todas as ligações do circuito foram efectuadas através dos conectores do Arduino MEGA, da placa de ensaio, do controlador de motor L298N, do motor DC e do teclado matricial 3x4, e estes componentes foram ligados entre si. Após a ligação do circuito, foi feita a estrutura mecânica. A descrição é apresentada de seguida:

- Em primeiro lugar, a estrutura principal foi fabricada sobre a placa de base. A estrutura era feita de arame de aço, que era primeiro cortado em pedaços e depois soldado. A estrutura era constituída por duas partes: uma parte superior e uma parte inferior. A parte superior era comparativamente mais baixa em altura do que a parte inferior. No topo da parte superior da estrutura foi soldado um pequeno eixo. No centro da parte inferior da estrutura, foi fixada uma bolsa em forma de anel, sustentada por dois suportes para manter a bolsa no centro.

- Em segundo lugar, foi instalado o rolamento de esferas. Foi utilizado um total de 4 rolamentos de esferas, 2 rolamentos de esferas superiores e 2 rolamentos de esferas inferiores em cada lado da estrutura. A chumaceira de esferas superior foi instalada no pequeno eixo da parte superior da estrutura, de modo a que a parte interior da chumaceira permaneça bem alinhada com o eixo e a parte exterior possa rodar. Em seguida, a chumaceira de esferas inferior foi instalada na bolsa da parte inferior da estrutura, de modo a que a parte exterior permaneça em sintonia fina com a bolsa e a parte interior possa rodar.

- Em terceiro lugar, foi fixado um veio ao longo dos rolamentos de esferas inferiores da parte inferior do quadro. O veio foi guiado através dos rolamentos de esferas inferiores para ligar ambos os lados da estrutura.

- Em quarto lugar, foram fixadas as rodas dentadas. Foram utilizadas quatro engrenagens: duas engrenagens superiores e duas engrenagens inferiores de cada lado. A engrenagem superior tinha um diâmetro interior maior e estava montada no rolamento de esferas superior, que roda com o rolamento de esferas. A engrenagem inferior tinha um diâmetro interior mais pequeno e estava ligada ao eixo da parte inferior da estrutura e rodava com este eixo. As engrenagens superior e inferior foram montadas paralelamente uma à outra em ambos os lados da estrutura.

- Em quinto lugar, foi colocado o cinto. Foram utilizadas duas correias, cada uma para os dois lados. A camada interior da correia tinha dentes e a camada exterior era lisa e tinha fechos. Os dentes da correia encaixavam nos dentes da roda dentada superior e inferior. A correia ligava as rodas dentadas superior e inferior de um lado da estrutura e ajudava a transmitir o movimento rotativo da roda dentada inferior para a roda dentada superior. Os fechos da camada exterior do quadro serviam para segurar as placas metálicas.

- Em sexto lugar, as placas de metal foram colocadas entre os fechos do cinto. Foram utilizadas oito placas de metal. Foi utilizada uma vareta fina para segurar a placa de metal. As duas extremidades da haste foram passadas através dos fechos do cinto em ambos os lados, de modo a que a chapa metálica pudesse ficar pendurada entre a estrutura. A placa de chapa metálica tinha uma extremidade aberta através da qual a cabina se podia retrair. À medida que o cinto roda, as placas de chapa metálica também se deslocam para a posição desejada.

- Uma engrenagem de dentes rectos foi então ligada a uma extremidade do eixo. A engrenagem de dentes rectos foi ligada ao motor de corrente contínua através de um pinhão para transferir o movimento rotativo do motor de corrente contínua para o veio. A engrenagem de dentes rectos foi engrenada com o pinhão, que roda com o motor de corrente contínua.

- Por fim, o motor de corrente contínua foi ligado ao circuito e a montagem concluída.

3.5 Método de trabalho:

O funcionamento do sistema de estacionamento rotativo é descrito a seguir:

- O circuito foi alimentado pela fonte de alimentação.

- O motor DC roda quando o circuito é ligado.

- O pinhão equipado com o motor de corrente contínua começa a rodar e a engrenagem de dentes rectos também roda.

- O eixo girava e o movimento de rotação era transmitido à engrenagem de dentes rectos.

- A rotação do eixo foi transferida para a roda dentada inferior.

- A correia é utilizada para transferir o movimento rotativo da engrenagem inferior para a engrenagem superior.

- As chapas de metal também mudaram de posição.

- O teclado matricial 3 * 4 foi utilizado para parar o número desejado de placas na cave.

- Também aqui, o teclado de 3 4 matrizes pode ser aclimatizado após a instalação do veículo para colocar o painel desejado em qualquer posição.

- Todo o mecanismo é acionado por um único motor de corrente contínua.

4.1 Aplicações do sistema de estacionamento rotativo de veículos:

No nosso país, a população está a aumentar gradualmente, o que significa que a terra está a tornar-se cada vez menor. Por conseguinte, o número de indústrias e de meios de transporte para esta população colossal também está a aumentar rapidamente. Devido à escassez de terrenos, não podemos construir sistemas de estacionamento suficientes para o parqueamento de automóveis, pelo que estacionamos na berma da estrada. O resultado é um congestionamento considerável do tráfego. As estatísticas/BRTA mostram que há 166840 automóveis registados no nosso país. Não dispomos de espaço suficiente para estacionar este grande número de automóveis. Consequentemente, sofremos de vários problemas, como engarrafamentos, acidentes, etc., porque os carros são estacionados de forma inconveniente ou na berma da estrada. O sistema de estacionamento rotativo é a solução para todos estes problemas. Para o sistema de estacionamento rotativo, utilizamos o espaço vertical e não o espaço horizontal, pelo que é necessário menos terreno. Cerca de 12-14 carros podem ser estacionados neste sistema em vez de 2 carros.

As vantagens do sistema de estacionamento do transportador rotativo são aqui descritas:

i) Instalação simples:

É muito fácil instalar um parque de estacionamento com um sistema de tapete rolante circular. Outros parques de estacionamento requerem meses de obras para aumentar a capacidade do parque de estacionamento. No entanto, com um parque de estacionamento com um sistema de tapete rolante circular, o tempo de construção de todo o sistema é mais curto. Uma vez concluídos os trabalhos mecânicos, estruturais e de cablagem, podemos ter este sistema de parqueamento a funcionar num prazo de 5 a 7 dias. Para aumentar a capacidade do parque de estacionamento, não é necessário gastar meses no sistema rotativo, num dia a capacidade pode ser aumentada de acordo com a procura.

ii) Fácil de deslocar:

O sistema de estacionamento com tapete rolante é fácil de deslocar. Como este sistema de estacionamento requer menos espaço, equivalente a apenas 2 lugares de estacionamento, este sistema pode ser facilmente deslocado de uma parte do parque de estacionamento para outra. Esta flexibilidade permite a possibilidade de remodelação e de crescimento. Mesmo que precisemos de mudar a localização do sistema de estacionamento, podemos facilmente mudar a localização deste sistema.

iii) Fácil de dimensionar:

Dado que o sistema de estacionamento com tapete rolante rotativo ocupa menos espaço, é fácil de instalar e também pode ser facilmente transferido, este sistema de estacionamento é altamente escalável. No futuro, podemos facilmente incorporar várias caraterísticas modernas de acordo com a tecnologia emergente e as necessidades das pessoas. O padrão deste sistema de estacionamento pode ser desenvolvido em qualquer altura.

iv) Vários pontos de entrada:

Com um sistema de estacionamento rotativo, existem várias entradas e saídas. Em vez de deslocar vários carros, o que implica mais perigo, tempo e trabalho, os operadores podem simplesmente utilizar um software para aceder aos carros. A conceção deste sistema de estacionamento é tal que todos os veículos que entram podem sair sem problemas, sem causar qualquer perturbação, o que é automaticamente controlado pelo software.

v) Poupar e ganhar dinheiro:

Assim, a poupança de dinheiro é uma grande vantagem deste sistema de estacionamento. Se quisermos integrar espaços e aumentar a capacidade do sistema de estacionamento, temos de construir estruturas maiores na propriedade ou comprar mais imóveis. No entanto, com este sistema de parqueamento, podemos integrar espaços na propriedade existente ao longo do espaço vertical, sem necessidade de espaço horizontal. Com este sistema, podemos poupar mais dinheiro ao utilizar o sistema de parqueamento.

vi) Funcionamento independente:

O sistema de estacionamento rotativo foi concebido para funcionar permanentemente sem interrupções. Em caso de falha de energia, o sistema pode ser acionado manualmente, utilizando a gravidade para fazer descer os carros, de modo a que estes nunca fiquem fora de alcance. Este sistema funciona com a ajuda de software e eletricidade. Se a quantidade necessária de eletricidade não estiver sempre disponível, então o sistema pode ser facilmente operado de forma manual juntamente com a gravidade.

vii) Software potente:

O estacionamento em tapete rolante é uma solução de estacionamento controlada por software que facilita a utilização do sistema pelos operadores com pouca formação e num curto espaço de tempo. Também se mantém seguro quando um operador utiliza um sistema programado por software em que os operadores podem utilizar palavras-passe para bloquear os seus carros numa posição segura e desbloqueá-los quando quiserem retirar o carro. Este sistema contém um software poderoso para que seja realmente seguro para os utilizadores.

viii) Segurança:

Os sistemas de estacionamento actuais apresentam muitos problemas devido à falta de instalações e, sobretudo, de segurança. Na Nova Zelândia e em todo o mundo, os parques de estacionamento são considerados locais propícios a furtos e outros roubos de automóveis. Para resolver este dilema, podemos utilizar um sistema de estacionamento para veículos rotativos. Porque este sistema inclui uma segurança autêntica que é bloqueada com palavra-passe, pelo que ninguém pode entrar ou desbloquear o parque de estacionamento sem uma palavra-passe.

ix) Sistema duradouro:

O sistema de estacionamento rotativo é construído com materiais de alta resistência. Se o sistema for utilizado corretamente, pode durar até 15-20 anos sem problemas de maior. Por vezes, apenas é necessária uma pequena camada de tinta para manter o seu aspeto. Assim, os custos de funcionamento de um sistema de estacionamento deste tipo são menores.

x) Poupança de tempo:

O sistema de estacionamento rotativo demora menos de 90 segundos a estacionar e a desestacionar. Já não temos de procurar os nossos carros no parque de estacionamento ou mesmo procurar lugares livres para estacionar. O sistema é automatizado e mostra o espaço livre e o número do lugar de estacionamento onde o carro desejado está estacionado. Com este sistema, não se perde tempo.

xi) Amigo do ambiente:

O sistema de estacionamento com tapete rolante é amigo do ambiente. Com este sistema, não há poluição do ar, uma vez que os motores são desligados quando o veículo é deslocado. Não é produzido qualquer ruído, não é necessário tocar a buzina durante o estacionamento e, em geral, poupa-se muita energia. Ao utilizar este sistema de estacionamento, podemos libertar o nosso ambiente da poluição causada pelos meios de transporte.

xii) Factores ambientais:

Podemos proteger os nossos automóveis de vários danos nocivos que podem ser causados pelo nosso ambiente. Por exemplo, o lixo dos animais, as aves em voo, os cães, etc. Além disso, podemos proteger os nossos automóveis de inundações quando é época de chuva. Se a água entrar nos nossos automóveis, podem ocorrer danos consideráveis. Ao utilizar o sistema de estacionamento para transportadores rotativos, podemos evitar estas catástrofes ambientais.

xiii) Necessidade de pouco espaço:

Uma das vantagens mais consistentes do sistema de estacionamento de transportadores rotativos é o facto de necessitar de menos espaço e oferecer mais capacidade. Este sistema requer apenas uma área de 6,5 x 5 metros, o que é um requisito muito pequeno. Isto significa que a capacidade pode ser aumentada com muito pouca perturbação. Em vez de 2 carros, podemos estacionar cerca de 12-14 carros, o que nos dá muito espaço livre.

5.1 Teste de desempenho:

O sistema de estacionamento é construído sobre uma estrutura de aço, que é feita de barras de aço e ligada por soldadura. Todo o arranjo de hardware é feito com todo o mecanismo mecânico combinado com pinhão, engrenagem, corrente, roda dentada, rolamento de esferas, eixo juntos para completar todo o dispositivo. Neste sistema de estacionamento, o bloqueio por palavra-passe também está incluído e também se torna fácil encontrar a matrícula. Quando o condutor do veículo coloca a sua matrícula, aplica uma palavra-passe no teclado, de acordo com o seu desejo de segurança do seu veículo. Quando quiser levantar o carro, introduz a palavra-passe no teclado e a matrícula desejada é levada para a cave com o carro, para que o condutor possa levantar facilmente o carro do parque de estacionamento. Este sistema de estacionamento é um modelo protótipo. Utiliza pequenos carros de brincar para apresentar todo o mecanismo do sistema de estacionamento, e o resultado final é muito bom em termos de mecanismo. É um sistema de estacionamento amigo do ambiente porque não utiliza mecanismos que causam ruído e poluição.

Além disso, o desempenho deste projeto foi analisado com ANSYS. O aço cromado é utilizado para as chumaceiras superior e inferior (designadas por 5). Oferece uma longa vida útil com uma elevada resistência à deformação e uma boa relação custo-eficácia com uma dureza superior. Para a corrente (identificada como 2) é utilizado aço-liga, que se deforma menos do que outros materiais. O aço-liga é utilizado para a estrutura (6), uma vez que é comparativamente mais barato do que o alumínio. O ferro fundido cinzento é utilizado nas engrenagens superiores (1) e inferiores (3) por ser mais barato do que o aço. Além disso, o ferro fundido oferece excelentes propriedades mecânicas, tais como uma maior resistência ao desgaste e à corrosão. Para o veio (n.º 7) é utilizado aço-liga por ser menos dispendioso. Além disso, a deformação é menor em comparação com outros materiais. O aço inoxidável é utilizado para as placas (4), uma vez que é altamente resistente à ferrugem e à corrosão. As chapas de aço inoxidável também são duráveis e os custos de manutenção são baixos.

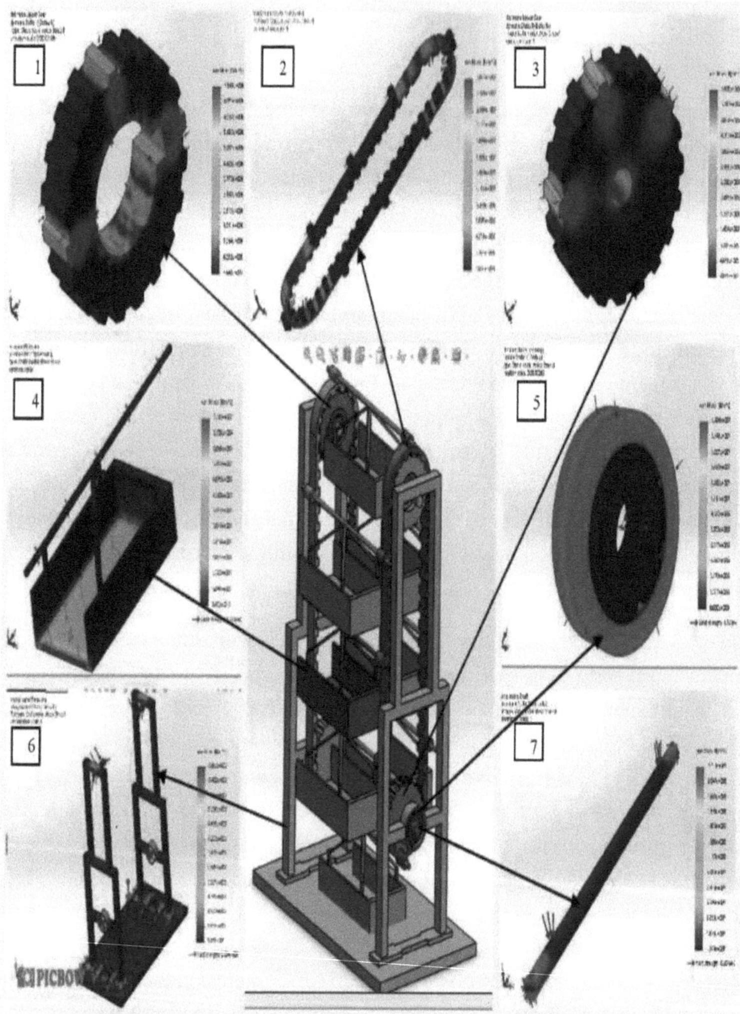

Figura 5.1: Resultado da simulação da tensão (Von Mises)

5.2 Discussão:

Na cidade de Dhaka, a população está a crescer gradualmente, o que significa que a terra está a tornar-se cada vez menor. Por conseguinte, o número de indústrias e de meios de transporte para esta enorme população também está a aumentar rapidamente. Devido à escassez de terrenos, não é possível construir sistemas de estacionamento suficientes, pelo que se estaciona na berma da estrada. A validade deste sistema de estacionamento rotativo é adequada para a cidade de Dhaka por vários motivos:

(1) O sistema de estacionamento rotativo ocupa menos espaço e oferece mais capacidade. Este sistema requer apenas 6,5 x 5 metros de espaço, onde podem ser estacionados 8-12 carros em vez de 2 carros, utilizando o espaço vertical e não o espaço horizontal [14].

(2) Este sistema de estacionamento requer menos dinheiro para a sua instalação e utilização, e leva menos tempo a construir todo o sistema. Uma vez concluídos os trabalhos mecânicos, estruturais e de cablagem, o sistema pode ser utilizado num prazo de 5 a 7 dias [14]. O aumento da capacidade de um parque de estacionamento não requer meses de trabalhos no sistema de viragem. Em contrapartida, outros parques de estacionamento requerem meses de trabalhos de construção para aumentar a capacidade do parque, como os parques subterrâneos, os sistemas de estacionamento em vários andares, etc., cuja construção e utilização são mais dispendiosas [15].

(3) O sistema de estacionamento rotativo permite poupar tempo. Quando um veículo chega ao parque de estacionamento subterrâneo, pode simplesmente ser colocado na placa e estacionado. São necessários menos de 90 segundos para estacionar e desestacionar no sistema de estacionamento rotativo [14]. Com outros sistemas de estacionamento, pelo contrário, o veículo demora mais tempo a estacionar e a fazer fila [15].

(4) A segurança é realmente garantida neste sistema com a ajuda do sistema de bloqueio por palavra-passe. Só o proprietário sabe a sua palavra-passe.

(5) O sistema de estacionamento rotativo é amigo do ambiente. Com este sistema, não há poluição do ar, uma vez que os motores são desligados quando o

veículo é deslocado. Não é gerado qualquer ruído, como buzinadelas durante o estacionamento, uma vez que o proprietário pode estacionar o veículo corretamente e sem ser incomodado [14].

(6) Com um sistema de estacionamento rotativo, a entrada e a saída são fáceis. O proprietário não tem de encontrar o seu carro no parque de estacionamento ou mesmo de procurar um espaço livre para o estacionar. O sistema é automatizado e indica o número sob o qual o carro desejado está estacionado. Isto significa que não se perde tempo com este sistema, como acontece com outros sistemas de estacionamento [14].

(7) Como o custo de construção é muito baixo em comparação com outros sistemas, é muito eficaz para países em desenvolvimento como o Bangladesh. É fabricado localmente, o que será mais eficaz se uma empresa fabricar esta estrutura por maquinagem.

CAPÍTULO 6 PROPOSTA DE PLANO PARA A CIDADE DE DHAKA

6.1 Plano proposto:

O cenário do tráfego em Daca tem vindo a deteriorar-se cada vez mais devido à rápida urbanização, embora tenham sido implementados vários projectos e infra-estruturas de transportes desde 2009 [16]. Verifica-se que os veículos estacionados ocupam uma grande parte das estradas. Por conseguinte, a disciplina na gestão do tráfego e dos transportes está a desaparecer progressivamente. No entanto, isto não quer dizer que alguns projectos de infra-estruturas de transportes que foram implementados nos últimos quatro a cinco anos não sejam de todo benéficos [16]. Alguns desses projectos incluem a estrada de ligação Aeroporto-Mirpur, o projeto polivalente de Hatirjheel, o viaduto do cruzamento ferroviário de Banani, o viaduto Mayor Hanif, o viaduto Kuril, o viaduto Presidente Zillur Rahman e uma série de estradas de ligação [16]. Todos os projectos realizados desde 2009 resultaram em mais espaços recreativos abertos, maior mobilidade para os transportes motorizados e um melhor sistema de transportes em Daca [16]. Estão em preparação outros projectos para o futuro. Para reduzir os problemas de estacionamento, o sistema de estacionamento rotativo pode ser benéfico para a cidade de Daca e os problemas de tráfego serão resolvidos em certa medida.

- A City Corporation of Dhaka pode elaborar um plano adequado para dividir a cidade de Dhaka em diferentes grupos de estacionamento e atribuir-lhes uma área para a construção de sistemas de estacionamento.

- Os proprietários de imóveis, de mercados e de indústrias podem construir parques de estacionamento para criar mais lugares de estacionamento para automóveis e também alugar lugares de estacionamento a preços favoráveis. Os meios de comunicação social podem desempenhar um papel central neste domínio.

- A administração da cidade de Daca pode construir parques de estacionamento à beira da estrada onde os carros possam ser estacionados mediante o pagamento de uma pequena taxa. Isto atrairá o interesse das pessoas em estacionar os seus carros num local conveniente.

- Todos os dias são roubados muitos carros no nosso país devido a uma segurança inadequada. Se as pessoas rodarem o sistema de estacionamento, o sistema de segurança melhorará definitivamente, uma vez que este sistema de estacionamento tem um sistema de bloqueio com uma palavra-passe.

7.1 Conclusão

O congestionamento do tráfego na cidade de Daca é um dos mais caóticos do mundo. Os residentes de Daca são obrigados a suportar o stress físico e a sofrer perdas financeiras sob a forma de enormes horas de trabalho perdidas nos dias úteis. Para atenuar, em certa medida, este problema, o governo deve elaborar um plano de construção de parques de estacionamento de vários andares em diferentes zonas da cidade de Daca. Os proprietários de imóveis, de mercados e de indústrias também podem construir este sistema para criar mais lugares de estacionamento para os automóveis e também para alugar lugares de estacionamento a preços razoáveis. Isto reduzirá significativamente o congestionamento do tráfego. Uma vez que este sistema de estacionamento utiliza o espaço vertical em vez do espaço horizontal, é utilizado menos terreno. Com este sistema, não há poluição do ar, uma vez que os motores são desligados quando o carro é recarregado. Como não é gerado ruído, a utilização deste sistema de estacionamento é muito amiga do ambiente. Para além disso, este sistema é automático e a posição onde o carro desejado está estacionado pode ser facilmente reconhecida. Uma das desvantagens do estacionamento multinível sem fios ou baseado em GSM é que os piratas informáticos podem invadir o software do veículo e controlar ou influenciar o seu funcionamento, o que constitui um grave problema de segurança [17]. Uma vez que utilizamos uma palavra-passe em vez de rádio ou GSM, este problema pode ser evitado. Assim, a implementação de um sistema de estacionamento automático multinível baseado numa palavra-passe na cidade de Dhaka pode ser muito útil para resolver este desastroso congestionamento do tráfego.

REFERÊNCIAS

[1]C. Patel, M. Swami, P. Saxena e S. Shah, "Rotary Automated Car Parking

System", em *International Journal of Engineering Science and Innovative

Technology (IJESIT)*, Vol. 4, Issue 2, pp. 408-415 (março de 2015)

[2] A. Albagul, K. Alsharef, M. Saad e Y. Abujeela, "Design and Fabrication of

an Automated Multi-level Car Parking System," in *Manufacturing Engineering,

Automatic Control and Robotics*, ISBN: 978-960-474-371-1, pp.173-178

[3] M. Aggarwal, S. Aggarwal e R. S. Uppal, "Implementação comparativa de

um sistema de estacionamento automático com lugares de estacionamento à

distância mínima em redes de sensores sem fios", em *International Journal of

Scientific and Research Publications*, Vol. 2, Issue 10, ISSN 2250-3153, pp. 1-8

(outubro de 2012)

[4] K. Sushma, P. R. Babu e J. N. Reddy, "Sistema de estacionamento de

veículos com base em reservas utilizando a tecnologia GSM e RFID", no *Jornal

Internacional de Investigação e Aplicação de Engenharia*, Vol. 3, Edição 5, pp.

495-498 (setembro-outubro de 2013)

[5] A. Wafa, B. Samkari, N. Zeba e S. Al-Jaber, "Automated Car Parking", tese

de licenciatura (ECE 492 - Capstone Project II), Universidade de Effat, 2012

[6] The future of parking is open, alterado: 7 de dezembro de 2012, Parking

Network [Internet], [citado: 03 de fevereiro de 2017], disponível em:

http://www.parking-net.com/parking-news/skyline-parking-ag/the-future-of-

park-is-done

[7]   Multilevel Car Parking Systems, NBMCW [Internet], [citado: 17 de janeiro

de 2018], disponível em: https://www.nbmcw.com/articles/miscellaneous/car-

parking/24450-multilevel-car-parking-systems.html

[8]   L298N Motor Driver Board, modificado em: 8 janeiro, 2013, Greeetech

Wiki [internet], [citado: 31 janeiro, 2017], disponível em:

http://www.geeetech.com/wiki/index.php/L298N_Motor_Driver_Board

[9]   Arduino MEGA, modificado em: 9 setembro, 2015, RepRap Wiki

[Internet], [cited:

31 de janeiro de 2017], disponível em: http://reprap.org/wiki/Arduino_Mega

[10]   Teclado Matricial de Membrana 3x4 + extras - 3*4, (n.d.), Adafruit

[internet], [citado: 31 de janeiro, 2017], disponível em:

https://www.adafruit.com/product/419

[11]   Jump wire, Revoly [Internet], [citado: 17 de janeiro de 2018], disponível

em:

https://www.revolvy.com/topic/Jump%20wire&item_type=topic

[12]   Gear, Wikipedia [Internet], [citado: 19 de janeiro de 2018], disponível em:

https://en.wikipedia.org/wiki/Gear

[13]   Rolamento (mecânico), Wikipédia [Internet], [citado: 19 de janeiro de

2018], disponível em: https://en.wikipedia.org/wiki/Bearing_(mechanical)

[14]   The Advantages of Smart Parking, (n.d.), Nova Iorque, Smart Parking

Solution Inc [intermet], [citado: 01 de fevereiro de 2017], disponível em:

http://www.smartparkingsolution.com/advantages

[15]   M.O. Reza, M.F. Ismail, A.A. Rokoni, M.A.R. Sarkar, "Smart Parking

System with Image Processing Facility," in *I.J. Intelligent Systems and

Applications*, Vol. 3, pp. 41-47 (abril 2012), Publicado Online: abril 2012 in

MECS

[16]   Arq. T. Nawaz, Modificado em: 12 de março de 2015, A proposal for

improving Dhaka's future transport scenario, The Daily Star [Internet], [citado:

19 de janeiro de 2018], disponível em:

http://www.thedailystar.net/supplements/24th-anniversary- the-daily-star-part-

3/proposal-improving-dhakas-future-transport

[17]   P. Goodman, Advantages and disadvantages of driverless cars (Vantagens

e desvantagens dos carros sem condutor), Retrieved on: 22 de novembro de

2016, Florida, AxleAddict [Internet], [citado: 01 de fevereiro de 2017]

Índice

Printed by Books on Demand GmbH, Norderstedt / Germany